DEVAN P D

ENSAIO DE QUEDA DE BOLA EM CHAPA METÁLICA DE ALUMÍNIO

DEVAN P D

ENSAIO DE QUEDA DE BOLA EM CHAPA METÁLICA DE ALUMÍNIO

Experimentação e Simulação

ScienciaScripts

Imprint

Any brand names and product names mentioned in this book are subject to trademark, brand or patent protection and are trademarks or registered trademarks of their respective holders. The use of brand names, product names, common names, trade names, product descriptions etc. even without a particular marking in this work is in no way to be construed to mean that such names may be regarded as unrestricted in respect of trademark and brand protection legislation and could thus be used by anyone.

Cover image: www.ingimage.com

This book is a translation from the original published under ISBN 978-620-7-65454-3.

Publisher:
Sciencia Scripts
is a trademark of
Dodo Books Indian Ocean Ltd. and OmniScriptum S.R.L publishing group

120 High Road, East Finchley, London, N2 9ED, United Kingdom
Str. Armeneasca 28/1, office 1, Chisinau MD-2012, Republic of Moldova, Europe
Printed at: see last page
ISBN: 978-620-7-86320-4

ÍNDICE DE CONTEÚDOS

RESUMO

Neste estudo abrangente, exploramos a interação dinâmica entre as esferas de aço e o alumínio 8011, centrando-nos na deformação por tensão induzida pelo impacto e na energia de tensão. Através de uma combinação de testes experimentais e análise de elementos finitos utilizando o Ansys Workbench. A configuração experimental envolve impactos controlados de esferas de aço em amostras de alumínio, capturando a dinâmica do mundo real. A nossa simulação Ansys Workbench, calibrada meticulosamente em relação aos dados experimentais, fornece um modelo fiável para compreender a dinâmica do impacto. As propriedades do material, incluindo a densidade, o módulo de Young e o rácio de Poisson, desempenham um papel crucial na modelação da resposta. Os resultados não só demonstram a exatidão da simulação, como também contribuem com conhecimentos valiosos sobre a interação dos materiais sob impacto, com potenciais aplicações em diversas indústrias.

Palavras chave: Ensaio de queda de bola, Ensaio de impacto, Chapa de alumínio, Simulação, ANSYS

CAPÍTULO 1

INTRODUÇÃO

1.1 Antecedentes

O alumínio 8011, apreciado pela sua excecional maleabilidade e notável resistência à corrosão, é um material fundamental numa miríade de indústrias, desde os domínios da embalagem até às alturas da engenharia aeroespacial. À medida que os avanços tecnológicos persistem, a procura de ligas de alumínio com atributos de desempenho mais elevados desencadeou uma onda fervorosa de esforços de investigação. Esta busca incessante é impulsionada pelo apetite insaciável por materiais que possam suportar exigências rigorosas, mantendo a integridade estrutural e a funcionalidade. Ao mesmo tempo, a intrincada interação entre os metais quando sujeitos a forças de impacto surge como um ponto focal nos domínios da engenharia estrutural e de materiais. A exploração das profundezas deste fenómeno complexo revela uma tapeçaria cativante de interacções, em que a colisão de elementos metálicos dá origem a uma sinfonia de reacções, cada uma com profundas implicações para o design, a durabilidade e a segurança. Assim, a exploração destes fenómenos não só alimenta a curiosidade científica, como também está na base da evolução de soluções inovadoras que ultrapassam os limites do que é concebível em engenharia e fabrico. Essencialmente, a jornada para desvendar os segredos das interacções dos metais sob impacto serve como testemunho da busca inabalável da humanidade pelo conhecimento e domínio dos materiais que moldam o nosso mundo.

O crómio, conhecido pela sua dureza excecional e durabilidade inigualável, é há muito tempo uma adição sedutora às formulações de ligas, apresentando perspectivas tentadoras para reforçar as capacidades mecânicas do alumínio. O fascínio reside na sua capacidade de infundir maior resistência e resiliência nas ligas de alumínio, elevando assim o seu desempenho num espetro de aplicações. No entanto, a concretização deste potencial depende de uma compreensão diferenciada da intrincada interação entre o crómio e o alumínio, particularmente em cenários onde entram em jogo forças dinâmicas. É fundamental investigar o impacto das adições de crómio, especialmente sob a forma de esferas de crómio, no alumínio 8011, não só para otimizar a utilização do material, mas também para reforçar a resistência do design em ambientes caracterizados por tensões flutuantes. Ao desvendar as complexidades desta interação, os engenheiros podem afinar as composições das ligas e os processos de fabrico para produzir materiais com propriedades mecânicas superiores e maior resistência ao desgaste, à fadiga e à deformação. Estes conhecimentos servem de orientação inestimável na procura de soluções robustas e duradouras que possam suportar os rigores das aplicações do mundo real, garantindo longevidade, fiabilidade e segurança em diversos cenários industriais.

Apesar de esforços anteriores para explorar os atributos mecânicos do alumínio e a resposta ao impacto de diferentes materiais, tem faltado uma investigação aprofundada sobre a interação precisa entre as esferas de crómio e o alumínio 8011, particularmente no que diz respeito à deformação e à energia de deformação. Esta investigação procura preencher esta lacuna, embarcando numa exploração abrangente, integrando metodologias experimentais e técnicas avançadas de simulação para elucidar a intrincada dinâmica que rege esta interação. Ao analisar meticulosamente o comportamento de esferas de crómio embebidas em alumínio 8011 sob condições variáveis de tensão e deformação, este estudo pretende desvendar os mecanismos subjacentes que ditam os padrões de deformação e a dissipação de energia. Os resultados esperados prometem não só aprofundar a nossa compreensão fundamental do comportamento dos materiais em cenários de carga dinâmica, mas também fornecer conhecimentos práticos valiosos para as indústrias que dependem destes materiais para a robustez estrutural e a eficiência operacional. Munidos de um conhecimento mais aprofundado dos fenómenos interfaciais entre o crómio e o alumínio, os engenheiros e os projectistas podem adaptar proactivamente as composições dos materiais e os processos de fabrico para desbloquear potenciais inexplorados, dando assim início a uma nova era de melhor desempenho e fiabilidade numa miríade de aplicações industriais.

1.2 Objetivo

Este projeto visa investigar de forma abrangente o impacto de esferas de crómio no alumínio 8011 através de uma abordagem multifacetada. Em primeiro lugar, procura-se analisar as respostas dinâmicas do alumínio 8011 quando sujeito a impactos, com particular ênfase na compreensão de como estas respostas variam sob diferentes condições de impacto. O segundo objetivo consiste em quantificar e analisar a deformação do alumínio 8011 durante estes eventos de impacto, fornecendo informações sobre as características de deformação do material. Adicionalmente, o estudo pretende avaliar a energia de deformação gerada no impacto, explorando a sua distribuição e dissipação na estrutura do material. A utilização do Ansys Workbench para a análise de elementos finitos é outro objetivo crucial, permitindo a criação de um modelo de simulação preciso que represente com precisão o cenário de impacto. Finalmente, o projeto visa validar o modelo de simulação através da sua calibração rigorosa com valores reais obtidos em testes experimentais, garantindo a precisão e fiabilidade dos resultados simulados.

1.3 Significado

A importância deste projeto é profunda, uma vez que promete fazer avançar significativamente a nossa compreensão da intrincada dinâmica subjacente aos impactos dinâmicos nos materiais, com especial incidência na elucidação da interação entre esferas de crómio e alumínio 8011. Ao quantificar rigorosamente os principais parâmetros, como a deformação por tensão e a distribuição de energia, esta investigação fornece informações indispensáveis que estão preparadas para catalisar avanços transformadores em vários sectores. Estes conhecimentos servem de orientação para aperfeiçoar os projectos estruturais, reforçar o desempenho dos materiais e, em última análise, aumentar a eficiência operacional e a segurança de diversos sistemas e estruturas.

Além disso, o desenvolvimento e a validação do modelo de simulação Ansys Workbench representam um marco fundamental, dotando os investigadores e os profissionais de uma ferramenta poderosa para a realização de futuras investigações com maior precisão e eficiência. Esta estrutura de simulação validada não só facilita uma compreensão mais profunda das interacções complexas entre o crómio e o alumínio, como também permite a exploração de implicações mais vastas para a ciência e engenharia dos materiais. Ao aproveitar as capacidades de previsão deste modelo de simulação, as partes interessadas podem explorar proactivamente estratégias inovadoras para otimizar as propriedades dos materiais, aperfeiçoar os processos de fabrico e fazer avançar as fronteiras da ciência dos materiais.

Na sua essência, os contributos multifacetados deste projeto vão muito além dos limites da experimentação laboratorial, repercutindo-se profundamente tanto nos sectores industriais como nos círculos académicos. Ao revelar novos conhecimentos, aperfeiçoar metodologias de simulação e promover colaborações interdisciplinares, esta investigação abre caminho a avanços transformadores que prometem moldar a trajetória da ciência e engenharia dos materiais nos próximos anos.

1.4 Aplicação

Este projeto tem potencial para impulsionar avanços em vários domínios,
incluindo:

Avanços na engenharia estrutural:

Ao aprofundar a nossa compreensão do comportamento dinâmico de
impacto dos materiais, especialmente a interação entre as esferas de crómio
e o alumínio 8011, esta investigação pode contribuir para o desenvolvimento
de concepções estruturais mais resistentes e eficientes numa vasta gama de
aplicações, desde edifícios e pontes a maquinaria industrial e infra-estruturas
de transportes.

Percepções sobre a otimização do fabrico: Os conhecimentos obtidos
através da quantificação da deformação e da distribuição de energia podem
informar os processos de fabrico, permitindo estratégias de otimização que
melhoram a eficiência, fiabilidade e rentabilidade da produção de
componentes de ligas de alumínio-crómio e outros materiais utilizados em
diversas indústrias.

Inovações no design aeroespacial: Os resultados desta investigação podem
ser particularmente valiosos para os engenheiros aeroespaciais, uma vez que
estes procuram melhorar o desempenho e a durabilidade das estruturas e
componentes das aeronaves sujeitas a cargas dinâmicas durante as operações
de voo. Ao incorporar os conhecimentos adquiridos nos processos de
conceção e seleção de materiais, os fabricantes aeroespaciais podem
desenvolver aeronaves mais leves, mais fortes e mais eficientes em termos
de combustível.

Melhoria das medidas de segurança automóvel: A indústria automóvel
pode aproveitar os conhecimentos adquiridos com esta investigação para
melhorar a segurança dos veículos, concebendo componentes estruturais e
sistemas de segurança que resistam melhor às forças de impacto em colisões.

Isto pode levar ao desenvolvimento de veículos mais seguros que proporcionem uma maior proteção tanto para os ocupantes como para os peões.

Avanços na ciência dos materiais: Esta investigação contribui para o avanço do campo da ciência dos materiais ao esclarecer o comportamento complexo dos materiais em condições de carga dinâmica. Os conhecimentos adquiridos podem inspirar novas abordagens à conceção e síntese de materiais, conduzindo ao desenvolvimento de novos materiais com propriedades personalizadas para aplicações específicas em todos os sectores.

Validação de software de simulação para análise de impacto: A validação de software de simulação, como o Ansys Workbench, para análise de impacto através desta investigação aumenta a sua credibilidade e utilidade para uma vasta gama de aplicações de engenharia para além do estudo específico das interacções crómio-alumínio. Os engenheiros e investigadores podem confiar em modelos de simulação validados para prever e analisar o comportamento de materiais e estruturas sob impacto, facilitando a tomada de decisões mais informadas e a otimização da conceção.

Em resumo, as potenciais implicações desta investigação estendem-se a várias disciplinas e indústrias, oferecendo oportunidades de inovação, otimização e melhoria da segurança e do desempenho em várias aplicações de engenharia.

CAPÍTULO 2

REVISÃO DA LITERATURA

[1] **FEA de uma máquina de ensaio de queda à escala laboratorial"**

por Muhammad Waleed Anjum

O trabalho de Anjum explora a aplicação da Análise de Elementos Finitos (FEA) utilizando ANSYS/LS-DYNA para estudar a resposta de uma mesa de queda sujeita a impacto. O estudo enfatiza a importância dos testes de queda na avaliação dos efeitos de choque, particularmente em ambientes com condições severas. A abordagem da FEA, integrada com a modelação teórica, permite uma investigação abrangente do comportamento da mesa de queda em condições variáveis, oferecendo informações sobre a amplitude do choque, as tensões e a influência da altura da queda.

[2] **Determinação da resistência ao impacto através da medição do coeficiente de** restituição

por W. L. WALTERS

Walters investiga as falhas dos ladrilhos de pavimento em situações de carga pesada através do desenvolvimento de um teste para avaliar a resistência ao impacto dos ladrilhos de pavimento. O estudo sublinha o papel crítico do suporte do substrato na falha do pavimento, especialmente em ambientes com cargas de alta intensidade. O método de ensaio proposto fornece um meio prático de avaliar a resistência ao impacto de pavimentos em mosaico, oferecendo potenciais aplicações em indústrias como fábricas, padarias e supermercados.

[3] **Avaliação do impacto na cabeça de vidros temperados convencionais e vidros laminados em janelas de automóveis em** acidentes **de colisão lateral e capotamento**

por Naman Gupta

A tese de Gupta aborda as lesões graves dos ocupantes resultantes de colisões de impacto lateral e capotamentos, centrando-se especificamente na falha do vidro das janelas laterais. O estudo utiliza modelos de elementos finitos para comparar o potencial de lesão por impacto entre vidros temperados e vidros laminados de automóveis. Os resultados evidenciam a superioridade do vidro laminado na prevenção de ejecções de ocupantes durante colisões laterais e capotamentos, contribuindo para uma maior segurança na conceção de automóveis.

[4] Resistência de uma janela de vidro sujeita a um impacto suave de alta velocidade

por Lucia Figuli e Romana Erdelyiová

O trabalho de Figuli e Erdelyiová explora o comportamento dos painéis de vidro sob impactos suaves de alta velocidade, tais como colisões de pássaros ou pingentes de gelo. O estudo visa estabelecer métodos para estimar a resistência do vidro contra impactos suaves, comparando os resultados com testes reais. Esta investigação é particularmente relevante em diversas aplicações, incluindo vidro estrutural em edifícios e vidro de proteção para dispositivos electrónicos e aviões.

[5] Previsão numérica da resistência à fratura dinâmica de painéis de vidro temperado não simétricos montados nas extremidades sob impacto de uma gota de bola de aço

 por Hong-Seok Kim e Byung-Kuk Ha:**

Kim e Ha abordam o desafio de estabelecer critérios de fratura para produtos que contêm painéis de vidro temperado. O estudo prevê numericamente a resistência à fratura dinâmica utilizando simulações de impacto de queda de bola, demonstrando a diferença entre a resistência à fratura dinâmica prática e a resistência à fratura estática tradicional. Este trabalho fornece informações para um critério de fratura mais eficiente na conceção de produtos que envolvam vidro temperado.

[6] Identificar os critérios de falha do vidro do painel tátil no ensaio de queda de bolas

por Wei-Ting Dai e Mao-Hsing Lin

O estudo de Dai e Lin centra-se no teste de impacto de queda de bola, normalmente utilizado para avaliar a fiabilidade dos produtos com ecrã portátil. A investigação propõe uma abordagem alternativa que utiliza um critério baseado na energia para definir a falha do vidro, abordando os desafios relacionados com as singularidades de tensão na análise de elementos finitos. Esta abordagem oferece um método mais abrangente e adequado para estabelecer critérios de falha nas avaliações da resistência do vidro.

[7] Um estudo sobre o efeito das partículas de grafite na tração, dureza e maquinabilidade do material de matriz de alumínio 8011

 por B Latha Shankar e K.C Anil

Shankar e Anil investigam a aplicação industrial de compósitos de matriz de alumínio, reforçando especificamente o alumínio 8011 com partículas de grafite. O estudo examina o impacto do teor de grafite na resistência à tração, dureza e maquinabilidade. Os resultados indicam melhorias na resistência à tração e na dureza com o aumento do teor de grafite, enquanto o estudo da maquinabilidade revela uma diminuição da rugosidade da superfície. Esta investigação contribui com informações valiosas para otimizar os compósitos de matriz de alumínio para várias aplicações industriais.

CAPÍTULO 3

METODOLOGIA

3.1 Instalação experimental

A configuração experimental inclui um equipamento de teste meticulosamente concebido, centrado em torno do anel de teste da máquina de teste de impacto, conforme ilustrado nas vistas frontal e lateral fornecidas. O principal objetivo desta configuração é avaliar meticulosamente a resistência ao impacto de vários materiais, tirando partido da força gerada por uma esfera de aço controlada com precisão.

No centro do aparelho está um engenhoso dispositivo eletromagnético, meticulosamente concebido para manter a esfera de aço no lugar durante o ensaio. Este dispositivo possui uma posição vertical ajustável, meticulosamente controlada por um mecanismo motorizado, permitindo assim ajustes precisos da altura da esfera de aço antes do impacto. Este nível de controlo assegura condições de ensaio consistentes e reproduzíveis, essenciais para uma avaliação precisa do desempenho do material.

Uma caraterística notável da configuração é a conversão perfeita do movimento rotacional em movimento linear dentro do equipamento de ensaio, facilitando a libertação controlada da esfera de aço sobre o provete de ensaio. Este mecanismo garante uniformidade e precisão na aplicação de forças de impacto, cruciais para gerar dados fiáveis e perspicazes sobre a resposta do material ao impacto.

Além disso, para fornecer feedback visual e facilitar ajustes precisos, uma escala é cuidadosamente afixada à configuração, oferecendo uma indicação clara da altura do suporte eletromagnético. Esta caraterística aumenta a facilidade de operação e permite aos investigadores manter um controlo meticuloso dos parâmetros experimentais ao longo do processo de ensaio.

Na sua essência, esta configuração experimental meticulosamente elaborada incorpora uma fusão de engenharia de precisão e tecnologia avançada, com o objetivo de permitir uma avaliação abrangente da resistência ao impacto dos materiais. Através de um design meticuloso e de uma integração cuidadosa dos componentes, este aparelho oferece aos investigadores uma ferramenta poderosa para desvendar os meandros do comportamento dos materiais em condições de carga dinâmica, abrindo caminho para avanços na ciência e engenharia dos materiais.

3.1.1 Suporte eletromagnético

Um suporte especializado equipado com um eletroíman é utilizado para segurar firmemente a esfera de aço durante o ensaio de impacto. A altura do suporte é controlável através de um mecanismo motorizado.

3.1.2 Sistema de motor

O sistema motorizado é responsável pelo controlo da altura do suporte eletromagnético. Este ajuste é fundamental para a precisão do processo de ensaio de impacto.

3.1.3 Conversão de movimento rotacional em linear

A configuração incorpora um mecanismo para converter o movimento de rotação em movimento linear, facilitando a descida controlada da esfera de aço durante o ensaio de impacto.

3.1.4 Escala

Uma balança está integrada no equipamento de ensaio para fornecer uma medida quantitativa da altura do suporte eletromagnético. Esta caraterística contribui para procedimentos experimentais precisos e repetíveis.

3.1.5 Mecanismo de controlo

Todo o aparato experimental é regulado através de uma placa Arduino e interruptores associados. A placa Arduino orquestra o funcionamento do eletroíman, do sistema motor e do mecanismo de conversão de movimento. Este controlo centralizado garante condições de teste sistemáticas e reprodutíveis.

Figura 3.1 Vista lateral do equipamento de ensaio Figura 3.2 Vista frontal do equipamento de ensaio

3.2 Esferas de aço para ensaios de impacto

No contexto desta experiência, foram seleccionados três tamanhos distintos de esferas de aço para avaliar a sua resistência ao impacto. As especificações de cada esfera são pormenorizadas a seguir. A imagem comparativa dos seus tamanhos encontra-se em anexo

Quadro 3.1 Parâmetros da esfera de aço pequena

3.2.1 Pequena esfera de aço

Parâmetro	Valor	Unidade
Diâmetro	20	mm
Material	52100 Crómio	--
Peso	0.0326	Kg

Tabela 3.2 Parâmetros da esfera de aço média

3.2.2 Esfera de aço média

Parâmetro	Valor	Unidade
Diâmetro	25	mm
Material	52100 Crómio	--
Peso	0.0639	Kg

Quadro 3.3 Parâmetro da esfera de aço grande

3.2.3 Bola de aço grande

Parâmetro	Valor	Unidade
Diâmetro	235	mm
Material	52100 Crómio	--
Peso	0.1735	Kg

Figura 3.3 Comparação do tamanho da bola

3.3 Seleção do material da placa

Para a seleção do material para o ensaio de uma placa, escolhemos a chapa metálica de alumínio 8011 com dimensões de 500*100*0,2 (todas as dimensões estão em mm). As especificações do material são as seguintes

Quadro 3.4 Parâmetro da chapa metálica

Parâmetros	Valores	Unidade
Comprimento	500	mm
Largura	100	mm
Espessura	0.2	mm
Densidade	2710	Kg/m^3
Módulo de Young	69	GPa
Rácio de poissão	0.33	--

CAPÍTULO 4

EXPERIMENTAÇÃO

4.1 Pré-processamento de materiais

Na fase de pré-processamento do metal, a chapa de alumínio de grau 8011 é cuidadosamente selecionada. Subsequentemente, é submetida a uma moldagem para atingir dimensões precisas de 500*100*0,2, e a chapa é meticulosamente endireitada para eliminar quaisquer dobras.

Após o processo de modelação e alisamento, é selecionada uma área específica para processamento posterior. Esta área selecionada é então meticulosamente engrenada utilizando uma balança e uma faca com um tamanho de 2 mm. A malha resultante é apresentada de seguida:

Figura 4.1 Placa de aço com malha

4.2 Configuração da máquina

Durante o processo de configuração da máquina, a chapa de alumínio previamente moldada assume a sua posição dentro do equipamento de teste, meticulosamente fixada no lugar utilizando um mecanismo fiável de fixação em C. Esta abordagem estratégica de fixação garante que a chapa permanece firme e livre de quaisquer dobras ou deformações indesejadas, preservando assim a sua integridade durante todo o procedimento de ensaio.

A importância desta fixação segura não pode ser subestimada, uma vez que estabelece a base para a obtenção de medições precisas e fiáveis durante as experiências que se seguem. Quaisquer deformações ou movimentos inadvertidos da folha podem introduzir imprecisões nos dados, comprometendo a fiabilidade dos resultados e a validade das análises subsequentes.

Reconhecendo a criticidade deste passo, é dedicada uma atenção meticulosa ao processo de fixação para mitigar quaisquer potenciais problemas. São feitos todos os esforços para garantir que a folha de alumínio é fixada de forma firme e uniforme, minimizando o risco de deslizamento ou distorção durante o teste. Esta abordagem meticulosa sublinha o compromisso de manter a integridade da configuração experimental e de defender a exatidão das medições obtidas.

A figura abaixo fornece uma representação visual da configuração correcta da folha de alumínio no equipamento de teste, destacando o posicionamento preciso e a fixação segura conseguida através da utilização do mecanismo de fixação em C. Esta representação ilustrativa serve de referência orientadora para investigadores e técnicos envolvidos no processo de montagem, reforçando a importância da adesão a procedimentos adequados para obter resultados experimentais fiáveis e significativos.

Figura 4.2 Fixação da chapa metálica no equipamento de ensaio

Para além da fixação segura da folha de alumínio no equipamento de teste, outro aspeto fundamental do processo de configuração da máquina envolve o alinhamento meticuloso da esfera de aço no suporte eletromagnético à altura prescrita. Normalmente, esta altura é padronizada para um metro e é meticulosamente medida com uma fita métrica para garantir precisão e exatidão.

O alinhamento da esfera de aço na altura designada é de importância primordial para garantir a fiabilidade e a validade dos ensaios que se seguem. Qualquer desvio da altura especificada pode introduzir discrepâncias nas medições, comprometendo potencialmente a integridade dos resultados experimentais. Por conseguinte, é tomado um cuidado meticuloso durante o processo de alinhamento para manter a exatidão da configuração do ensaio.

Para alcançar esta precisão, a altura da esfera de aço dentro do suporte eletromagnético é meticulosamente ajustada até atingir a marca de um metro desejada, tal como indicado pela fita métrica. Esta abordagem meticulosa garante que a esfera de aço é posicionada de forma consistente e exacta, pronta para causar impactos controlados na folha de alumínio durante o teste.

A figura seguinte apresenta uma representação visual da esfera de aço alinhada no suporte eletromagnético à altura designada de um metro, sendo o processo de medição realizado com uma fita métrica. Esta representação ilustrativa serve de referência para manter a precisão e a adesão a procedimentos padronizados durante o processo de configuração, salvaguardando assim a integridade e a fiabilidade dos dados experimentais obtidos.

Figura 4.3 Alinhamento da esfera

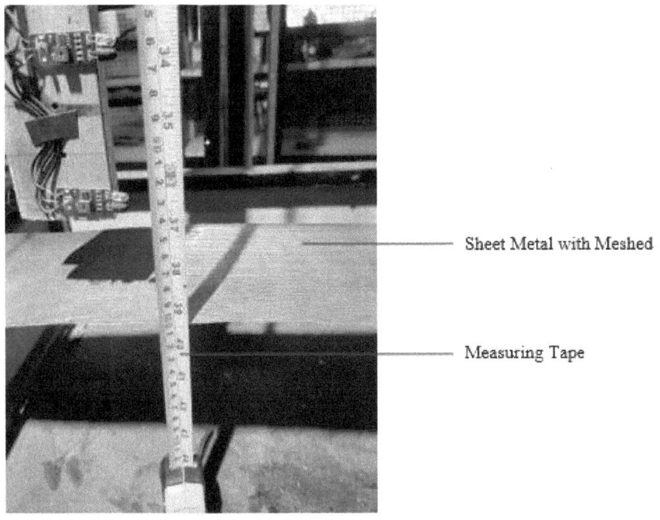

Figura 4.4 Medição da altura

4.3 Testar a folha

Na fase de ensaio de impacto da chapa metálica de alumínio 8011, é adoptada uma abordagem meticulosa e sistemática para garantir a precisão e a segurança durante todo o procedimento experimental. O processo começa com a ativação do sistema eletromagnético, iniciando a magnetização da esfera de aço dentro do suporte eletromagnético. Antes deste passo, são meticulosamente implementadas precauções de segurança rigorosas para verificar que não há pessoal em risco no ambiente de teste, garantindo assim o bem-estar de todos os indivíduos envolvidos.

Após a confirmação de um ambiente de teste seguro, o interrutor eletromagnético é conscientemente desligado, desactivando assim a força magnética e permitindo que a esfera de aço desça sobre a chapa de alumínio sob a única influência da gravidade. Este impacto controlado transmite uma quantidade precisa de energia à chapa, induzindo a deformação numa área localizada.

Imediatamente após o evento de impacto, a região afetada na chapa de alumínio é meticulosamente marcada para uma identificação clara e inequívoca. Este processo de marcação é vital para a posterior análise e interpretação dos resultados experimentais.

O protocolo de teste foi concebido para ser minucioso e fiável, com cada impacto de bola de aço repetido três vezes para garantir a consistência e a validade dos dados obtidos. Após cada evento de impacto, a área específica da chapa que sofreu o impacto é diligentemente marcada, aumentando ainda mais a exatidão e a precisão da análise subsequente.

Ao aderir a este protocolo de teste abrangente, os investigadores podem reunir sistematicamente os dados essenciais necessários para calcular parâmetros cruciais, como a tensão, a deformação e a tensão na chapa de alumínio. Esta abordagem meticulosa não só garante a fiabilidade dos resultados experimentais, como também facilita uma compreensão mais profunda do comportamento do material em condições de carga dinâmica, contribuindo assim para os avanços na ciência e engenharia dos materiais.

A repetição do processo assegura a consistência e a fiabilidade dos resultados obtidos, enquanto as áreas marcadas servem de pontos de referência para análises posteriores. O cumprimento rigoroso das medidas de segurança e dos procedimentos de ensaio normalizados é fundamental para garantir a exatidão e a validade dos resultados dos ensaios de impacto.

Figura 4.5 Ensaio de impacto

Após o ensaio de impacto, a figura abaixo mostra a deformação formada na chapa de alumínio 8011.

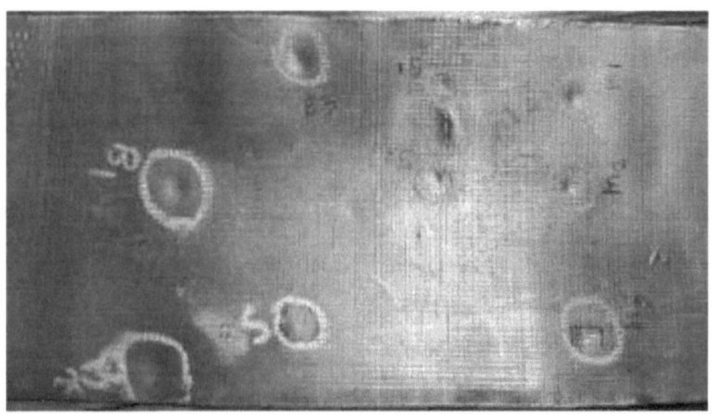

Figura 4.6 Folha afetada

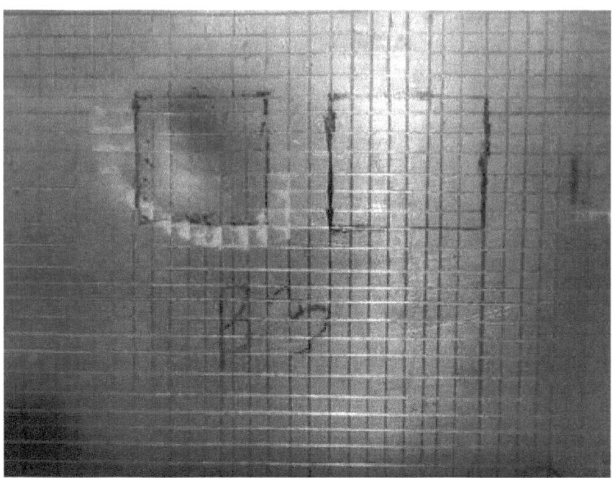

Figura 4.7 Impacto devido a uma bola grande

4.4 Pós-processamento

4.4.1 Recolha de dados

Após o ensaio de impacto da chapa metálica de alumínio 8011, a fase subsequente envolve a recolha meticulosa de dados relativos à extensão da deformação sofrida pelo material. Para tal, é utilizado um compasso de calibre vernier de altura, que serve como instrumento fiável para medir com precisão a altura deformada da chapa.

A utilização de um paquímetro de altura assegura medições precisas e fiáveis, permitindo aos investigadores quantificar meticulosamente as alterações na altura induzidas pelo evento de impacto. Este nível de exatidão é indispensável para obter informações sobre a magnitude da deformação sofrida pela chapa de alumínio em resultado das forças aplicadas.

A altura deformada medida serve como um parâmetro fundamental para avaliar os efeitos do impacto na chapa e desempenha um papel central em análises e cálculos subsequentes. Ao obter medições precisas, os investigadores podem obter informações valiosas sobre a resposta do material a condições de carga dinâmicas, facilitando assim uma compreensão abrangente do seu comportamento mecânico.

A figura abaixo fornece uma representação visual do meticuloso processo de medição, mostrando a utilização cuidadosa do compasso de calibre vernier para medir a altura deformada da folha de alumínio. Esta representação ilustrativa sublinha a precisão e a atenção aos detalhes aplicados no processo de recolha de dados, destacando as metodologias rigorosas utilizadas para garantir a fiabilidade e a exatidão dos resultados experimentais.

Figura 4.8 Medição com o Vernier de altura

4.4.2 Cálculos

Cálculo da energia de impacto no ponto de embate na folha

Energia de impacto $=\frac{1}{2}MV^2\ joules$

Para calcular a velocidade da bola no ponto de impacto, podemos utilizar as equações cinemáticas

$$V^2 = U^2 + 2as$$

Como sabemos

U = 0

a = $9.81 \frac{m}{s^2}$

s = m

Substituindo estes valores, obtemos que a velocidade da bola é 4,41 $\frac{m}{s}$

Valor de impacto para bolas pequenas

$$IE = \frac{1}{2}(0.0326)(4.41^2)$$

$$IE = 0,317 \; joules$$

Valor de impacto para bola média

$$IE = \frac{1}{2}(0.0639)(4.41^2)$$

$$IE = 0,621 \; joules$$

Valor de impacto para bolas grandes

$$IE = \frac{1}{2}(0.173)(4.41^2)$$

$$IE = 1,682 \; joules$$

Agora, para encontrar a deformação na placa de alumínio em relação a cada bola

A fórmula da Deformação é

$$\delta = \left(\frac{6Fr}{E\pi^2}\right)^{\frac{1}{3}} \; mm$$

Deformação na chapa devido a uma bola pequena

$$\delta = \left(\frac{6 * 319.806 * 10}{69 * 10^6 * \pi^2}\right)^{\frac{1}{3}}$$

$$\delta = 0.030 \; mm$$

Deformação na chapa devido a uma esfera média

$$\delta = \left(\frac{6 * 626.859 * 12.5}{69 * 10^6 * \pi^2}\right)^{\frac{1}{3}}$$

$$\delta = 0.040 \; mm$$

Deformação da chapa devido a uma bola grande

$$\delta = \left(\frac{6 * 1756.656 * 17.5}{69 * 10^6 * \pi^2}\right)^{\frac{1}{3}}$$

$$\delta = 0.064$$

Agora, para calcular a tensão induzida na chapa devido ao impacto de uma bola, a fórmula da tensão é

$$\sigma = \frac{F}{A} \quad \frac{N}{mm^2}$$

Stress devido a uma bola pequena

$$\sigma = \frac{319.806}{100}$$

$$\sigma = 3.19 \ \frac{N}{mm^2}$$

Tensão devido a uma bola Medium

$$\sigma = \frac{626.859}{100}$$

$$\sigma = 6.26 \ \frac{N}{mm^2}$$

Stress devido a uma bola grande

$$\sigma = \frac{1756.656}{100}$$

$$\sigma = 17.56 \ \frac{N}{mm^2}$$

CAPÍTULO 5
SIMULAÇÃO

5.1 Dinâmica explícita

A dinâmica explícita no ANSYS Workbench é uma ferramenta de análise especializada, meticulosamente criada para simular eventos transientes e de alto impacto com precisão e exatidão sem paralelo. Especificamente adaptada para cenários como colisões e quedas, esta abordagem de análise dinâmica distingue-se das análises implícitas quase-estáticas, colocando uma ênfase distinta na captura do comportamento dinâmico através da consideração explícita dos efeitos do tempo.

Ao contrário das suas contrapartes quase-estáticas, que se concentram principalmente nos estados de equilíbrio, a dinâmica explícita aprofunda a dinâmica intrincada de eventos de curta duração, onde prevalecem as mudanças rápidas nas cargas. Ao modelar meticulosamente os efeitos de inércia e ao incorporar explicitamente fenómenos dependentes do tempo, esta abordagem permite aos engenheiros simular e analisar com precisão a resposta dinâmica de estruturas sujeitas a eventos de grande impacto.

No centro da dinâmica explícita do ANSYS Workbench encontra-se um conjunto de algoritmos de contacto robustos e capacidades sofisticadas de tratamento da não linearidade dos materiais. Estas características permitem aos engenheiros replicar com precisão interacções complexas entre componentes e capturar com precisão o comportamento não linear dos materiais sob condições de carga dinâmica.

Além disso, a dinâmica explícita no ANSYS Workbench oferece suporte abrangente para uma ampla gama de tipos de elementos, garantindo versatilidade e flexibilidade na modelagem de várias configurações estruturais e materiais. Quer se trate da simulação de fracturas frágeis, deformações plásticas ou instabilidades estruturais, os engenheiros podem tirar partido desta poderosa ferramenta para obter informações valiosas sobre a resposta estrutural e o desempenho em condições de carga dinâmica.

Ao proporcionar uma compreensão mais profunda dos fenómenos dinâmicos e ao facilitar a otimização de projectos para resistir a eventos de grande impacto, a dinâmica explícita no ANSYS Workbench surge como um recurso indispensável para engenheiros de diversas indústrias. Quer se trate de análises de colisão de automóveis, avaliações de integridade estrutural aeroespacial ou avaliações de segurança de produtos de consumo, esta ferramenta de análise avançada permite que os engenheiros ultrapassem os limites da inovação e concebam estruturas robustas e resilientes capazes de suportar os rigores de ambientes dinâmicos...

5.2 Etapa de análise

O processo inicia-se com a criação meticulosa de modelos geométricos para a esfera de aço e a chapa de alumínio 8011 no ambiente SolidWorks. Este passo é fundamental, uma vez que estabelece as bases para as análises e simulações subsequentes, necessitando de desenhos abrangentes e precisos para captar com exatidão as complexidades geométricas dos componentes.

Através de uma atenção meticulosa aos pormenores, os engenheiros elaboram meticulosamente os modelos geométricos, assegurando que representam fielmente as características físicas e as dimensões da esfera de aço e da chapa de alumínio 8011. Esta abordagem meticulosa é crucial para obter resultados de simulação fiáveis e precisos, uma vez que quaisquer discrepâncias ou imprecisões nos modelos geométricos podem comprometer a integridade da análise.

Uma vez finalizados os modelos geométricos, o passo seguinte envolve a conversão dos ficheiros para o formato .STEP, um formato de ficheiro padronizado amplamente reconhecido pela sua compatibilidade e interoperabilidade em várias plataformas de software. Esta decisão assegura uma integração e compatibilidade perfeitas no ambiente ANSYS Workbench, facilitando uma transição suave da fase de projeto para a fase de simulação.

Ao utilizar o formato de ficheiro .STEP, os engenheiros podem importar facilmente os modelos geométricos para o ANSYS Workbench sem se depararem com problemas de compatibilidade ou perda de dados, simplificando assim o fluxo de trabalho de simulação e acelerando o processo de análise. Esta interoperabilidade aumenta a eficiência e permite que os engenheiros concentrem os seus esforços na realização de análises aprofundadas e na obtenção de informações significativas a partir dos resultados da simulação.

Na sua essência, o processo de criação de modelos geométricos no SolidWorks e a sua conversão para o formato .STEP representa um passo inicial crucial no fluxo de trabalho de simulação, estabelecendo as bases para análises robustas e precisas no ambiente ANSYS Workbench. Através de uma atenção meticulosa aos detalhes e da adesão às melhores práticas, os engenheiros podem garantir a fiabilidade e a integridade dos seus estudos de simulação, conduzindo assim à inovação e ao avanço das soluções de engenharia.

No ANSYS Workbench, a seleção da opção Explicit Dynamics anuncia o início da análise dinâmica, abrindo caminho para uma exploração meticulosa de eventos transientes e de elevado impacto com uma precisão sem paralelo. À medida que os engenheiros embarcam nesta viagem dinâmica, o passo inicial implica a edição de dados de engenharia, uma fase crucial em que as propriedades do material do alumínio 8011 são meticulosamente incorporadas na estrutura de simulação.

Esta incorporação meticulosa envolve a especificação de um conjunto abrangente de parâmetros materiais essenciais para modelar com precisão o comportamento do alumínio 8011 sob condições de carga dinâmica. Entre estes parâmetros destacam-se a densidade, o módulo de Young e o rácio de Poisson, cada um com um papel fundamental na modelação da resposta do material a forças e deformações externas.

A densidade serve como uma métrica fundamental para quantificar a massa por unidade de volume do material, fornecendo informações sobre as suas propriedades de inércia e facilitando cálculos precisos de respostas dinâmicas. O módulo de Young, por outro lado, delineia a rigidez do material e a resistência à deformação sob cargas de tração ou compressão, servindo como parâmetro fundamental para captar o comportamento elástico.

O rácio de Poisson, uma quantidade sem dimensão, engloba a tendência do material para se contrair lateralmente quando sujeito a uma carga axial, influenciando assim as suas características gerais de deformação. Ao especificar estas propriedades do material com uma precisão meticulosa, os engenheiros asseguram que a simulação reflecte com precisão o comportamento real do alumínio 8011 em condições dinâmicas.

Além disso, a incorporação das propriedades dos materiais no ambiente do ANSYS Workbench prepara o terreno para uma exploração abrangente das respostas estruturais, permitindo que os engenheiros obtenham informações valiosas sobre factores como a distribuição de tensões, padrões de deformação e mecanismos de dissipação de energia.

Essencialmente, a edição de dados de engenharia no ANSYS Workbench representa um passo fundamental no fluxo de trabalho da análise dinâmica, estabelecendo as bases para simulações robustas e precisas de eventos transientes e de alto impacto. Através de uma atenção meticulosa aos detalhes e da especificação criteriosa das propriedades dos materiais, os engenheiros podem aproveitar todo o potencial do Explicit Dynamics para impulsionar a inovação e avançar com soluções de engenharia com confiança e precisão.

A fase seguinte consiste em importar os ficheiros de geometria para a secção Geometria, utilizando a opção de importação. Passando para o separador Modelo, são atribuídas propriedades de material à esfera e à chapa, assegurando que a simulação reflecte com precisão as características físicas dos materiais envolvidos.
Para estabelecer as condições de fronteira, as extremidades da placa de chapa são fixadas utilizando a opção Explicit Dynamics. A etapa seguinte envolve a aplicação de aceleração ou velocidade à esfera, definindo as condições iniciais para o evento dinâmico.
A configuração do tempo é um aspeto crítico da simulação, e a seleção de um passo de tempo máximo adequado, neste caso, 0,60 segundos, é essencial para captar com precisão o comportamento dinâmico do sistema.

Uma vez configurado o passo de tempo, toda a geometria é engrenada. A criação de malhas é uma etapa crucial, uma vez que discretiza a geometria, permitindo a representação exacta da estrutura física. Uma malha bem estruturada é essencial para obter resultados de simulação fiáveis e realistas.

Na secção Solution do ANSYS Workbench, os engenheiros especificam meticulosamente os parâmetros de saída desejados, adaptando a análise para satisfazer os objectivos específicos da simulação. Isto pode englobar uma miríade de parâmetros, desde métricas fundamentais como tensões e deformações até pontos de dados mais complexos pertinentes aos objectivos da análise.

Com precisão e clareza, os engenheiros articulam os seus requisitos, delineando as informações críticas que procuram extrair dos resultados da simulação. Quer se trate de quantificar a distribuição de tensões, de avaliar os padrões de deformação ou de avaliar os mecanismos de dissipação de energia, a secção Solution serve de canal para expressar estes objectivos com uma clareza meticulosa.

Após finalizar os parâmetros de saída desejados, os engenheiros iniciam o processo de análise clicando no ícone solve, dando início a uma sofisticada jornada computacional no ANSYS Workbench. Através de uma série de cálculos iterativos, o ANSYS Workbench resolve meticulosamente as equações de movimento que regem o comportamento dinâmico do sistema, atravessando o tempo e o espaço para desvendar as complexidades das respostas estruturais sob condições de carga transitórias.

Ao longo da análise, o ANSYS Workbench fornece feedback em tempo real, oferecendo informações sobre a evolução do comportamento do sistema e a convergência do processo de solução. A cada iteração, o software refina os seus cálculos, aperfeiçoando progressivamente uma solução detalhada que engloba a interação dinâmica de forças, deslocamentos e deformações no sistema.

No final da análise, é apresentada aos engenheiros uma solução abrangente para os parâmetros de saída especificados, meticulosamente adaptada para cumprir os objectivos da simulação. Esta solução pormenorizada encerra uma grande quantidade de informação, oferecendo uma visão da resposta estrutural em condições de carga dinâmica e fornecendo uma base para a tomada de decisões informadas e análises adicionais.

Na sua essência, a secção Solution do ANSYS Workbench representa o nexo entre a visão da engenharia e a capacidade computacional, permitindo que os engenheiros transformem os seus objectivos em visões accionáveis através da especificação meticulosa dos parâmetros de saída e do cálculo iterativo de soluções.

Em resumo, a jornada de condução de simulações dinâmicas no ANSYS Workbench é caracterizada por uma série de passos meticulosamente orquestrados, cada um desempenhando um papel crucial na obtenção de resultados precisos e perspicazes. Começa com a conceção meticulosa de modelos geométricos, assegurando a fidelidade às estruturas e componentes do mundo real. As propriedades dos materiais são então definidas com precisão, capturando o comportamento dos materiais sob condições de carga dinâmica.

As condições de fronteira são cuidadosamente definidas para simular as restrições físicas e os factores ambientais que influenciam o comportamento do sistema. A configuração do passo de tempo garante a precisão das simulações transientes, permitindo a captura precisa de eventos dinâmicos. A criação de malhas optimiza o domínio computacional, equilibrando a precisão com a eficiência computacional.

Finalmente, na secção Solution, os engenheiros especificam os parâmetros de saída desejados, desde tensões e deformações até deformações e muito mais. O ANSYS Workbench, com as suas poderosas capacidades de Dinâmica Explícita, orquestra todo o processo sem problemas. Realiza simulações exaustivas e precisas de eventos dinâmicos, oferecendo informações valiosas sobre o comportamento dos materiais sob impacto ou outras condições transitórias.

Através deste processo meticuloso, os engenheiros adquirem uma compreensão profunda das respostas estruturais a cargas dinâmicas, permitindo-lhes otimizar os projectos, aumentar a segurança e impulsionar a inovação numa grande variedade de indústrias. O ANSYS Workbench surge como uma ferramenta indispensável, permitindo que os engenheiros ultrapassem os limites do que é possível no domínio da análise e simulação dinâmica.

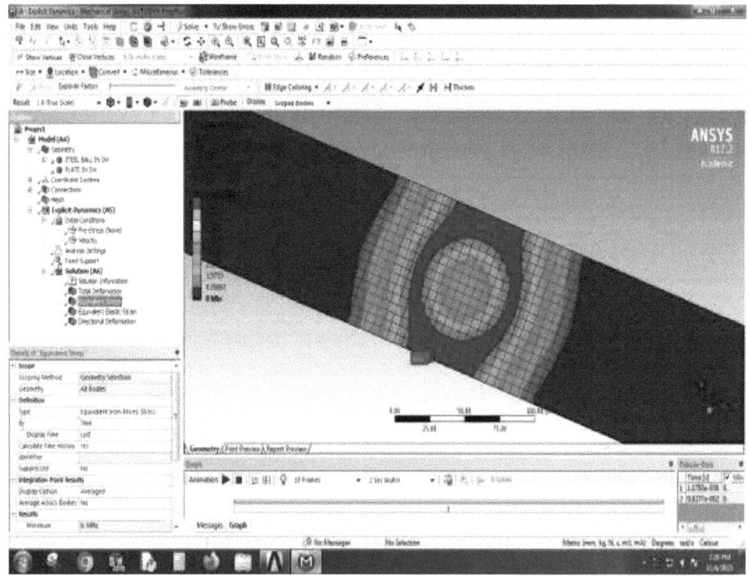

Figura 5.1 Simulação Ansys da tensão induzida na placa devido a

uma esfera grande

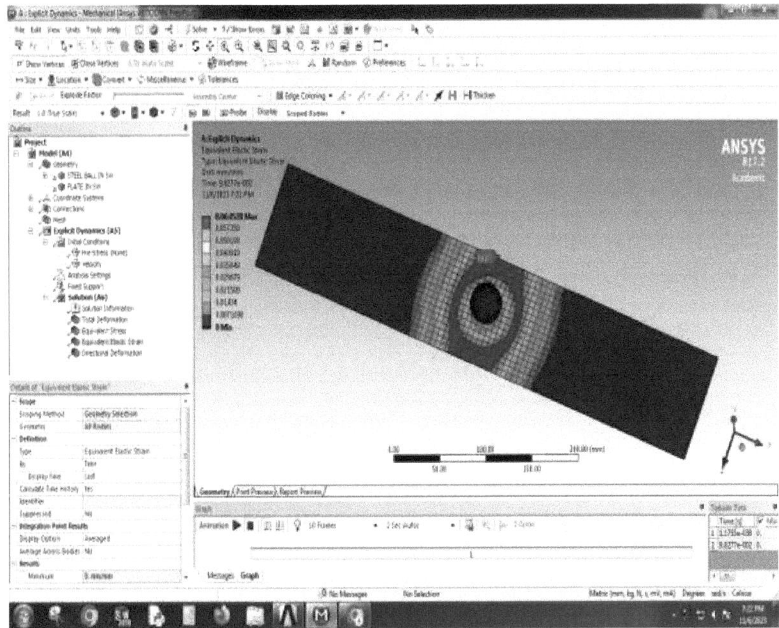

Figura 5.2 Simulação Ansys da deformação da esfera grande

CAPÍTULO 6
RESULTADOS E DISCUSSÃO

6.1 Análise da deformação

A simulação captou com precisão a deformação dinâmica da chapa de alumínio 8011 aquando do impacto. Os resultados mostraram a formação e a propagação de deformações, permitindo uma avaliação abrangente da forma como o material reagiu à força externa súbita. As representações visuais, tais como gráficos de contorno e animações, forneceram uma descrição clara da forma deformada. A tabela seguinte mostra a diferença entre o valor real e o valor analisado da deformação na placa

Tabela 6.1 Comparação dos valores de deformação

S.n.	Tamanho da bola	Valor em tempo real	Valor da simulação Ansys
1	Bola grande	0,030 mm	0,027 mm
2	Bola média	0,040mm	0,037 mm
3	Bola pequena	0,064 mm	0,060 mm

6.2 Distribuição de tensões

A distribuição de tensões ao longo da folha de alumínio foi um parâmetro chave examinado na análise. A simulação da dinâmica explícita destacou as concentrações de tensão localizadas, fornecendo informações críticas sobre as áreas com níveis de tensão mais elevados. Compreender estes padrões de tensão é vital para avaliar potenciais pontos fracos no material e otimizar os designs para uma maior durabilidade. A tabela abaixo mostra a diferença entre o valor real e o valor analisado da tensão induzida na placa

Tabela 6.2 Comparação dos valores de tensão

S.n.	Tamanho da bola	Valor em tempo real	Valor da simulação Ansys
1	Bola grande	17,56 N/mm^2	N/mm^2
2	Bola média	6,26 N/mm^2	N/mm^2
3	Bola pequena	3,19 N/mm^2	N/mm^2

A simulação dinâmica explícita provou ser uma ferramenta robusta para estudar o comportamento de impacto da chapa metálica de alumínio 8011. A representação exacta das deformações, da distribuição de tensões e dos padrões de deformação fornece aos engenheiros e investigadores dados valiosos para otimizar os projectos e prever a integridade estrutural dos materiais em eventos dinâmicos.

Os conhecimentos adquiridos com esta simulação podem informar o desenvolvimento de materiais com maior resistência ao impacto, orientando futuras considerações de design. A capacidade de visualizar e quantificar a resposta dinâmica da folha de alumínio sublinha a importância das simulações dinâmicas explícitas na previsão e compreensão do comportamento do material em cenários do mundo real.

CAPÍTULO 7
CONCLUSÃO

Em conclusão, a simulação dinâmica explícita do comportamento de impacto da chapa metálica de alumínio 8011 forneceu informações valiosas sobre a resposta do material em condições de carga dinâmica. A análise abrangente, que engloba a deformação, a distribuição de tensões e os padrões de deformação, melhorou a nossa compreensão da forma como o material reage a forças externas súbitas. A simulação provou ser uma ferramenta poderosa para prever e visualizar o comportamento induzido pelo impacto da chapa de alumínio. A representação exacta das deformações, das concentrações de tensão e dos padrões de deformação serve de base para otimizar os designs e os materiais para resistirem a eventos dinâmicos como impactos, colisões ou quedas. Os resultados deste projeto contribuem para o avanço da engenharia de materiais, oferecendo uma compreensão detalhada do desempenho da chapa metálica de alumínio 8011 em cenários que envolvem cargas rápidas e transitórias. Este conhecimento pode servir de base ao desenvolvimento de materiais com maior resistência ao impacto e orientar futuras considerações de design em diversas indústrias, incluindo a automóvel, a aeroespacial e a indústria transformadora. Essencialmente, a simulação dinâmica explícita forneceu uma plataforma virtual para avaliar e aperfeiçoar o comportamento do material, oferecendo um meio económico e eficiente de prever e otimizar a resposta dos materiais em condições dinâmicas. Este projeto prepara o terreno para uma maior exploração e inovação na ciência e engenharia dos materiais, realçando a importância das técnicas de simulação para o avanço da nossa compreensão do comportamento dos materiais em aplicações do mundo real.

REFERÊNCIAS

[1]   G. Mustafa, S. T. Gul, S. Nadeem, Instituto Paquistanês de Engenharia e Ciências Aplicadas, Instituto de Engenheiros Eléctricos e Electrónicos. Secção de Islamabad, e Instituto de Engenheiros Eléctricos e Electrónicos, *Conferência Internacional de 2016 sobre Tecnologias Emergentes: 18-19 de outubro de 2016, Islamabad, Paquistão.*

[2]   Walters, W. L. (1996). Determinação da resistência ao impacto através da medição do coeficiente de restituição. British Ceramic Research Ltd. Qualicer.

[3]   Gupta, N. (2013). Avaliação do impacto na cabeça de vidros temperados convencionais e vidros laminados em janelas de automóveis em acidentes de impacto lateral e capotamento (Dissertação de doutoramento, Wichita State University).

[4]   Figuli, L., Erdelyiová, R., Papán, D., & Papánová, Z. (2020). Resistência da janela de vidro sujeita a impacto suave de alta velocidade. In MATEC web of conferences (Vol. 313, p. 00027). EDP Ciências.

[5]   Kim, H. S., Ha, B. K., Yoo, B. Y., Jeong, H. S., & Park, S. H. (2022). Previsão numérica da resistência à fratura dinâmica de painéis de vidro temperado não simétricos montados na borda sob impacto de queda de bola de aço. Journal of materials research and technology, 17, 270-281.

[6]   Dai, W. T., Lin, M. H., & Huang, K. F. (2012, junho). 50.2: Identificar os critérios de falha do vidro do painel tátil no teste de queda de bola. Em SID Symposium Digest of Technical Papers (Vol. 43, No. 1, pp. 671-674). Oxford, Reino Unido: Blackwell Publishing Ltd.

[7]   Latha Shankar, B., Anil, K. C., & Karabasappagol, P. J. (2016, setembro). Um estudo sobre o efeito das partículas de grafite na tração, dureza e usinabilidade do material da matriz de alumínio 8011. Em

Materials Science and Engineering Conference Series (Vol. 149, No. 1, p. 012060).

Printed by Books on Demand GmbH, Norderstedt / Germany